Les cahiers des animaux

HEIKE SCHMIDT-RÖGER

TOUT CE QUE *mon* *chien* VEUT ME DIRE

Décrypter les comportements
de son chien

MARABOUT

L'archétype DU CHIEN

Entre CHIENS

Chien & HUMAIN

ANNEXES

À quoi pensent les chiens ?

Nous ne comprenons pas toujours bien les chiens, ces animaux pourtant si familiers. Leurs maîtres ont tous eu un jour envie de savoir ce qui leur passait par la tête. Or, il n'est pas si difficile de sonder nos compagnons à quatre pattes. Au contraire, ils s'expriment de façon très directe. L'humain doit juste apprendre à déchiffrer ce langage.

Savoir interpréter les réactions des chiens dans toutes les situations demande bien sûr un solide entraînement. Une mimique, un geste ne fournissent pas forcément une explication suffisante. Le comportement élaboré des chiens est à considérer dans sa globalité, c'est-à-dire en tenant compte du panel complet de leurs expressions et de facteurs tels que les traits de caractère propres à la race et à l'individu, ses expériences, son environnement, les autres humains et les autres animaux en présence. N'oublions pas les aspects qui nous échappent, tels que les informations olfactives, mais qui se révèlent essentiels pour les chiens.

Observez votre chien et vous comprendrez mieux son comportement. Et, un beau jour, vous porterez un regard nouveau sur ses réactions. Vous éviterez ainsi toutes ces erreurs d'interprétation qui nuisent à l'harmonie de la vie commune. Les chiens sont des chiens, ni plus ni moins, et ils agissent en tant que tels. Ils ne cherchent pas à nous compliquer la vie, mais suivent des inspirations a priori géniales ou se montrent simplement opportunistes . Les photographies choisies par mes soins illustrent leur comportement dans les situations les plus variées. Les textes qui les accompagnent analysent ces réactions et proposent des réponses adaptées , afin que ce livre constitue un outil pratique. Bien sûr, il n'est pas exclu qu'en dépit d'un désir d'objectivité un certain anthropomorphisme se soit insinué dans ces lignes – après tout, je suis humaine.

Ces êtres formidables que sont les chiens enrichissent nos vies de nombreuses manières. Il serait dommage de se priver des meilleurs moments, à cause d'un simple problème de communication.

L'archétype du chien

Un chien typique, cela existe-t-il vraiment ? Certes, les chiens ont tous quatre pattes, deux oreilles, une queue et une truffe plus ou moins hardie, qui flaire des odeurs dont l'humain n'a pas la moindre idée. Les chiens aboient et émettent toutes sortes de sons. Ils ont des crocs qu'ils utilisent de diverses manières et un pelage long ou court, ondulé, bouclé, hirsute, qui donne envie de le caresser et sème des poils décoratifs un peu partout. Cette description pourrait laisser penser que tous les chiens sont les mêmes. Mais elle est un peu trop restrictive. Ce sont finalement les propriétaires qui parlent le mieux de leurs quadrupèdes... et tous déclarent que leur toutou est unique.

Je suis comme ça

Un beagle qui suit une piste et un hovawart qui garde la maison ne cherchent pas à vous ennuyer. Ces tâches font partie des missions assignées à leur race, ces comportements sont inscrits dans leurs gènes. Même s'ils posent quelques problèmes au quotidien, ils ne peuvent pas aller contre. Cependant, ces instincts deviennent gérables avec un dressage adéquat.

LE SAVIEZ-VOUS ?

Les hommes ont commencé très tôt à encourager certaines qualités chez les chiens. Dans les premiers temps de la domestication, cela s'est sans doute fait au hasard, en favorisant certains animaux qui ont pu ainsi se reproduire avec plus de succès. Plus tard, l'élevage des chiens de race s'est fait selon des critères précis.

Maintenant, tout le monde à gauche !

Berger inné, ce gelbbacke n'aime rien tant que régenter un troupeau. Certes, il ne fait pas trop la différence entre les moutons, les vaches, les canards et les enfants. Pour se défouler, il a besoin d'énormément d'exercice pour la tête et l'esprit – d'un chien berger. Or, les moutons et autres bêtes ne sont pas des jouets et la surveillance d'un troupeau exige un dressage complet.

Je suis le plus rapide

Né pour courir : le plus léger mouvement à l'horizon fait démarrer le lévrier au quart de tour. Ce chasseur est heureux quand il peut se dépenser à fond régulièrement.
De retour à la maison, il est sage comme une image.

Rien ne m'échappe

Chien de garde est sans doute l'un des plus anciens métiers canins et ce spitz s'y emploie le plus sérieusement du monde. Tout étranger qui pénètre sur le terrain est accueilli par des aboiements retentissants. Nos vigiles à quatre pattes ont tendance à aboyer, qu'ils vivent dans une maison ou un appartement.

Je ne lâche pas

Chasseurs polyvalents, les teckels et les terriers n'hésitent pas à s'aventurer dans les galeries de bêtes agressives telles que le renard et le blaireau. Livrés à eux-mêmes, ils doivent alors faire preuve d'esprit de décision, de courage et de persévérance, comme ce teckel en train de creuser. Ces chiens astucieux utilisent aussi ces qualités à la maison.

J'ai trouvé

Avec sa truffe sensible, le chien de chasse repère la moindre piste, guide le chasseur vers le gibier qu'il a tiré ou le lui rapporte, comme ce deutsch langhaar. Un dressage rigoureux et des occupations suffisantes sont indispensables au bon déroulement de la chasse.

Mon vécu

Les chiens subissent l'influence de leurs expériences passées, apprennent à réagir selon les situations et ont parfois subi des traumatismes avant de faire votre connaissance. Il est fascinant d'observer comme ils s'adaptent parfaitement à un nouvel environnement, puis retrouvent joie de vivre et confiance en eux avec votre soutien.

Chez vous, je me sens en sécurité

Dans l'idéal, la famille qui adopte a mûrement réfléchi cette décision, a choisi un chien en connaissance de cause et l'élève convenablement, afin qu'il trouve sa place dans la communauté et apprenne les bonnes manières. S'il a par ailleurs assez d'occupations et de contacts avec ses congénères, il deviendra un compagnon idéal, qui se sentira aussi bien chez ses maîtres que ce labrador. Ce serait tellement bien, si c'était toujours comme ça...

Les difficultés de l'adoption

Les chiens qui ont passé leur vie attachés ou dans la rue ne savent en général pas trop comment se comporter avec les humains, même s'ils n'ont pas forcément été maltraités. Cela s'explique par le manque de contacts. Par ailleurs, ils ont souvent vécu dans un cadre totalement différent : peut-être ne connaissaient-ils que la ferme qu'ils gardaient ou leur chenil ? Ils sont parfois déstabilisés par le bruit, l'agitation et leur nouvel entourage.

Pourquoi m'abandonnes-tu ?

Lorsqu'un chien atterrit dans un refuge, c'est qu'en général son maître était dépassé. Cela se produit souvent pendant la puberté de l'animal, quand le chien vous test . Si vous n'imposez pas des limites, le quadrupède fait ce qu'il estime juste ou ce qui lui a le mieux réussi jusque-là. Il devient alors ingérable, alors qu'il ne désire qu'obéir, et son monde s'écroule quand son maître l'abandonne.

LE SAVIEZ-VOUS ?

Il faut parfois de 6 mois à 1 an à un chien pour s'habituer à son nouveau domicile. Son vécu peut fournir plusieurs explications à son comportement présent. Pourtant, ce serait une erreur de tout lui permettre pendant son acclimatation, sous prétexte de lui faire oublier son passé. Profitez au contraire de cette occasion de reprendre les bases et, juste après son arrivée, apprenez-lui vos règles. Vous lui offrirez ainsi un cadre rassurant et éviterez les mauvaises habitudes.

Qu'est-ce que c'est ?

Le monde est plein de merveilleuses découvertes pour un chien. Les unes se révèlent amusantes, les autres passionnantes ou parfois terrifiantes. Plus un chiot fait d'expériences variées dans une atmosphère favorable, mieux il réagira à ces stimuli à l'âge adulte.

LE SAVIEZ-VOUS ?

Pour apprendre à bien réagir aux bruits, aux impressions visuelles, tactiles et gustatives, un chien doit les découvrir très tôt, sous les formes les plus variées et s'y confronter plusieurs fois jusqu'à l'âge adulte.

Oh ! je m'enfonce !

Découvrir le monde à plusieurs est plus facile. Le goût de l'aventure des copains est parfois contagieux et communicatif. Les chiots craintifs préfèrent observer avant de se lancer.

Quel terrain étrange !

Une tôle ondulée ne procure pas du tout les mêmes sensations sur les coussinets que l'asphalte, une clôture, une prairie ou une bâche en plastique. Vous devez donc profiter de la moindre occasion pour familiariser votre chien avec toutes sortes de surfaces. Ainsi, plus tard, il évoluera avec autant d'aisance sur un parquet lisse que sur un chemin forestier ou une allée de gravier.

Un tuyau passionnant

Chaque chiot découvre les objets inconnus à son rythme. Laissez-le décider jusqu'où son entrain le mènera, sans pression.

La grosse peur

Cette chienne se cache sous une table à l'approche de l'orage. Les motifs de crainte sont très variés : ils peuvent être liés aux mauvais souvenirs d'une situation similaire, à la peur de l'inconnu, à la frayeur contagieuse de l'être humain, ou à la sensibilité aux bruits. Si votre chien est affolé et se réfugie auprès de vous, laissez-le faire sans dramatiser. Remontez-lui un peu le moral.

Quel drôle de bipède !

Nos quadrupèdes se forgent une idée de l'être humain d'après les individus fréquentés dans leur petite enfance. Ainsi, un chien qui rencontre un bipède à la démarche étrange ou affublé d'appareils tels que des béquilles, un déambulateur ou un parapluie peut être décontenancé par cette créature étrange qu'il n'arrive pas à reconnaître.

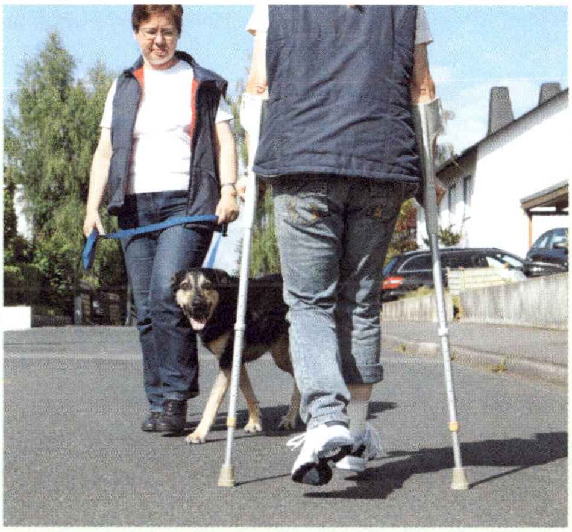

Les autres animaux

Les chiens sont des prédateurs dont les hommes exploitent les talents de chasseur depuis des millénaires. Il ne faut donc pas s'étonner s'ils sont excités lorsqu'ils rencontrent d'autres animaux. Par chance, ils savent si bien s'adapter qu'ils arrivent en général à trouver un terrain d'entente avec les autres bêtes.

Cette clôture stupide...

Cette jeune chienne cairn terrier connaît depuis longtemps ses amis aux longues oreilles et a toujours été gentille avec eux, mais il suffit d'un rien, d'un mouvement, pour réveiller brusquement ses instincts de chasseuse. En conclusion, mieux vaut ne jamais laisser des chiens avec d'autres petits animaux sans surveillance.

Juste un coup d'œil !

Les curieux, comme ce bâtard, s'intéressent souvent aux chevaux et aiment bien venir les renifler. Si le cheval, qui est une proie, n'a pas l'habitude des chiens, il se sauve le plus souvent. Si les canidés trouvent ça plutôt drôle, les équidés sont d'un autre avis. D'une ruade, ils peuvent par ailleurs blesser gravement l'importun, voire le tuer.

Quelles grosses bêtes !

Les chiens sont souvent impressionnés par les vaches et préfèrent passer vite leur chemin. En revanche, un chien de berger va se précipiter au milieu du pré pour rassembler le troupeau. Une vache risque alors de se casser une patte ou de l'attaquer ; c'est donc un jeu dangereux pour tous les participants. Les bouses délectables sont une autre raison de sauter par-dessus la barrière, qui peut tout autant agacer les vaches.

Pourquoi se sauve-t-elle ?

Le chien et le chat parlent des langages différents, qu'ils doivent apprendre s'ils veulent vivre en harmonie. Par ailleurs, pour beaucoup de chiens, les chats s'apparentent à des proies qu'il est toujours amusant de poursuivre – après tout, un mouvement est un stimulus. Élevés ensemble, chats et chiens peuvent toutefois devenir les meilleurs amis du monde.

LE SAVIEZ-VOUS ?

Un chien qui tolère les chats de la maison ne sera pas forcément aimable avec ceux de l'extérieur. Il peut très bien faire de gros câlins à son félidé préféré, mais courser tous les autres sans pitié.

Je vais t'attraper !

Pour les chiens, rien n'est plus palpitant que de suivre une piste intéressante ou une cible mouvante. C'est bien sûr une occasion de se dépenser, mais aussi un plaisir : la course déclenche la production d'endorphines (les hormones du bonheur). Le chien qui y a goûté devient accro.

LE SAVIEZ-VOUS ?

Les étapes d'une scène de chasse classique suivent un ordre inscrit dans les gènes : rechercher la proie – repérer – arrêter – lever – traquer – attraper – tuer – déchiqueter – dévorer. L'élevage a développé certains de ces instincts mais a cherché à en étouffer d'autres. Les chiens de chasse n'ont pas le droit de déchiqueter la proie, ni de la manger. De nombreuses races ne vont pas plus loin que l'arrêt.

Les escapades

Soudain, votre teckel a disparu. Avec un peu de chance, il reviendra plus ou moins vite, très content de lui. Chasser est instinctif chez lui et suivre une piste odorante ou fouiner dans les taillis font selon lui partie des grands plaisirs de la vie. Cette passion de la chasse est plus ou moins forte d'un chien à l'autre et dépend également de la race. Les chiens de chasse bien dressés reviennent en général quand leur maître les appelle au cours d'une promenade sans laisse, même si c'est souvent un gros sacrifice pour les beagles, les podencos et autres chiens d'arrêt. Chez certaines races comme les retrievers, les individus en liberté sont plus faciles à contrôler s'ils n'ont jamais traqué de gibier avant l'âge de 18 mois, ni eu de réelles expériences de chasse.

Je t'aurai !

Les chiens adorent attraper et tuer le gibier, mais le traquer les amuse tout autant. Ce cycliste qui file à toute allure est bien tentant. Si le chien se met à courir derrière le vélo et que son maître l'appelle à grands cris, il devient le centre de l'attention, ce qui n'est pas pour lui déplaire. Après une expérience pareille, il n'aura qu'une envie, celle de recommencer. Si votre chien poursuit les cyclistes, les coureurs à pied et autres bipèdes véloces, il ne vous reste plus qu'à faire appel à un dresseur compétent pour le remettre au pas.

Qu'est-ce qu'il a à courir ?

Le podenco regarde le jogger, mais sans intérêt particulier pour cette rencontre somme toute banale à son sens. Pour l'habituer à ces faits quotidiens, n'accordez aucune attention à l'intérêt qu'il peut porter aux joggers et aux cyclistes quand il est chiot. Banalisez ce spectacle. Veillez tout de même à ce que votre chien n'importune pas les sportifs ni les promeneurs. Dans l'incertitude, rappelez-le et mettez-lui sa laisse. Plus d'un passant vous en sera reconnaissant.

Ma maison, ma voiture...

Dans une meute, tous les chiens participent à la garde des lieux. Dès que l'un d'eux signale un intrus, ses compagnons rappliquent en vitesse. Qu'ils vivent entre eux ou avec des humains ne fait aucune différence dans cette manifestation de comportement territorial : ils sont chez eux et défendent leur gîte.

Rien ne m'échappe

Les chiens recherchent les positions stratégiques, sur l'escalier ou devant la porte, d'où ils jouissent d'une vue imprenable sur les environs. Il s'agit pour eux d'une place privilégiée. Cet argus prend sa mission très au sérieux et surveille la propriété avec attention.

Nous avons de la visite

Ne grondez pas trop fort votre chien s'il garde la porte avec zèle, mais il doit cesser d'aboyer dès que vous lui dites que tout va bien. S'il continue, vous devez l'interrompre avec un signal appris au préalable, puis l'envoyer à sa place. Sinon, apprenez-lui à aboyer seulement si vous le lui ordonnez et à s'arrêter dès qu'il en reçoit le signal.

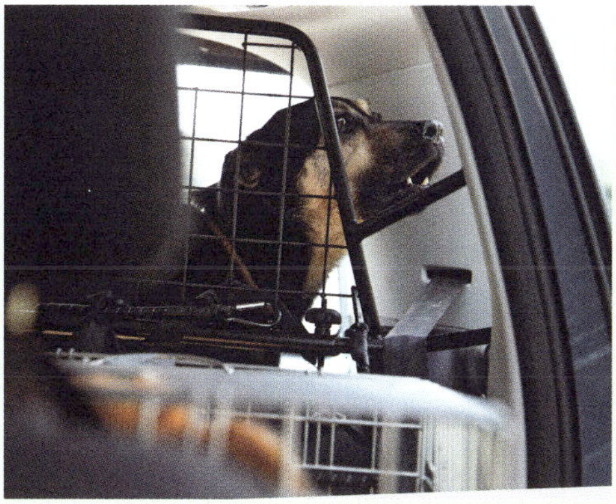

N'essaie pas de t'approcher !

La voiture, pour le chien, n'est rien d'autre qu'une maison sur roues qu'il faut garder. Rien n'échappe à ce chien, qui bénéficie d'une vue panoramique et ne rate pas une occasion de se faire entendre. Dans son cas, le pistolet à eau peut se révéler utile – pendant le trajet, ce n'est bien sûr pas le conducteur qui le maniera.

Il ne comprend vraiment rien !

Tous les jours, le facteur pénètre sur le territoire du chien, qui le chasse en aboyant. Dans l'optique de l'animal, cet humain ne comprend vraiment rien, puisqu'il revient tous les jours. C'est donc naturel que le chien réagisse de plus en plus violemment. Il est nettement préférable de faire les présentations dès le début.

LE SAVIEZ-VOUS ?

Garder son territoire est un comportement tout à fait normal pour votre chien. N'essayez pas de l'en empêcher complètement, mais apprenez-lui les limites. S'il a été dressé pour la garde et aboie trop, ne le laissez pas occuper le meilleur point stratégique en permanence ; il risquerait de devenir incontrôlable.

Ma gamelle

Une vie longue et en bonne santé dépend en grande partie de l'alimentation. C'est ce qui explique la diversité des opinions sur ce qu'il convient de mettre dans la gamelle. Les dogmes ne servent à rien, en la matière, car ce que l'on donne ou non à un chien tient avant tout de ses besoins.

C'est ma gamelle

Cette chienne tolère le chiot pendant son repas. Partager sa gamelle est une affaire de caractère et dépend de l'importance accordée à son contenu. En général, on admet plus facilement les autres chiens de la maisonnée que les étrangers. Les chiens ignorent la hiérarchie en matière de nourriture : celui qui a faim se sert. Vous ne remettez pas en question votre statut de chef de meute si vous servez votre animal avant de passer vous-même à table.

Comment résister ?

« Si personne n'en veut, je me sers ! » C'est sans doute ce qu'a pensé ce pique-assiette. Et, honnêtement, il a bien raison : l'occasion fait le larron. Les chiens savent très bien si leur maître les observe ou non et ils attendent patiemment qu'il regarde ailleurs pour se servir. Grâce à eux, plus d'un humain s'est converti à l'ordre et a appris à ne rien laisser traîner de comestible. Cela dit, les chiens ne sont pas tous des voleurs et ils se contentent souvent de ce que nous leur donnons.

Quel délice !

Même si nous aimons nos toutous par-dessus tout et que les goûts ne se discutent pas, certaines de leurs préférences gastronomiques nous retournent l'estomac. Ils tendent à manger ce qu'ils trouvent, sans faire les délicats, comme le crottin de cheval, les crottes de mouton, les charognes. Les excréments font en effet partie de l'alimentation des canidés sauvages : ils contiennent des nutriments encore valables, mais aussi des parasites et des agents pathogènes. Les chiens qui mangent des déjections souffrent-ils de carences nutritives ? En tout cas, ils ont l'air d'aimer ça. Il faut tout de même faire attention avec les chiens présentant une mutation MDR1 (une anomalie génétique). L'ingestion d'animaux récemment vermifugés peut leur être fatale.

LE SAVIEZ-VOUS ?

Les chiots goûtent d'abord aux excréments par curiosité. C'est l'homme, par son comportement, qui rend la chose si intéressante : il bondit, arrache son petit polisson à sa trouvaille ou lui propose une friandise à la place. Et le schéma se reproduit : le chien mange, l'homme bondit. Le chiot trouve ça très drôle et est ravi de recevoir autant d'attention.

Et mon os

Les jeunes chiens découvrent le monde à l'aide de leurs yeux et de leur truffe, mais aussi grâce au toucher, à leur gueule et à leur dentition. Leurs dents de lait acérées sont d'excellents outils pour explorer l'inconnu. Avec le temps, ils finissent par avoir leurs préférences, mais presque tous les chiens adorent ronger jusqu'à un âge avancé.

Rien de tel qu'un os

Les chiens aiment par-dessus tout se faire les dents sur des produits d'origine animale, tels que les oreilles et la peau de bœuf. Cet exercice entretient les muscles servant à mastiquer et le frottement nettoie les dents. Ce qui n'empêche pas Lizzy, qui n'a presque plus de dents, de ronger sa queue de bœuf avec passion. La régularité de la mastication calme les chiens, ce qui est précieux, surtout après de vives émotions. Cela dit, certains deviennent presque fous quand ils rongent leur os.

LE SAVIEZ-VOUS ?

Chaque chien a sa technique pour ronger un os. Les uns grignotent d'abord les bouts, les autres vont d'une extrémité à l'autre, ou commencent par détacher la mince couche de viande qui le recouvre.

Mon bâton chéri

Les chiens adorent ronger des morceaux de bois, et même parfois les manger, bien qu'ils ne digèrent pas la cellulose.
Les échardes qui peuvent se planter dans le gosier et le cou en font un jeu dangereux. Mais ils adorent épater la galerie avec tout ce qui se ronge, comme le chiot à gauche. Si un chien cède rarement son os, il peut partager le bâton le temps d'un jeu.

J'ai envie de m'amuser

Ronger trompe l'ennui ; c'est pourquoi les jeunes chiens font leurs dents sur tout ce qu'ils trouvent, comme ce teckel qui n'a rien de mieux à faire pour l'instant. Ce besoin devient plus pressant quand ils perdent leurs dents de lait. Pendant cette période, offrez à votre jeune ami assez de friandises à ronger pour qu'il ne s'en prenne pas à vos effets personnels. S'il s'attaque à vos chaussures préférées, empêchez-le d'aller plus loin grâce à un signal clair et proposez-lui une compensation dans un second temps.

Les bons côtés de la vie

Les chiens sont de vrais épicuriens ; ils apprécient les bonnes choses. Plusieurs aspects des soins corporels en font partie, notamment tout ce qui touche au bien-être et consiste à s'étirer, à se gratter, se frotter, se vautrer ou se secouer, mais également la toilette mutuelle, durant laquelle l'animal lèche gentiment son ami ou l'humain en qui il a confiance.

Ôte-toi de mon soleil

Les hommes ne sont pas les seuls à aimer les bains de soleil, les quadrupèdes apprécient aussi cette chaleur voluptueuse. Au printemps, après les dernières périodes de froid, ils profitent des moindres rayons de soleil et se déplacent avec eux au fil des heures, pour rester bien au chaud. Cette cure thermale fait le plus grand bien aux toutous arthritiques.

LE SAVIEZ-VOUS ?

Seuls les chiens tout à fait à l'aise et non perturbés se préoccupent de leur bien-être. Ceux qui sont stressés ou malades négligent ces soins. Il est conseillé, dans ce cas, de consulter un vétérinaire ou un bon dresseur. Un chien qui ne s'étire pas complètement, par exemple, a peut-être des problèmes d'articulations ou de colonne vertébrale.

Comme cela fait du bien !

Se vautrer dans l'herbe, voilà un massage qui revigore et c'est tellement amusant ! Les chiens détendu, comme ce barzoï, aiment montrer à leurs congénères qu'ils sont bien dans leur peau. Il existe bien sûr une variante : se vautrer dans une charogne ou des matières fécales. Nul ne sait trop ce qui motive ce geste… Peut-être simplement le besoin de se parfumer !

Je prends mon temps

Après un sommeil plein de beaux rêves ou une pause agréable, s'étirer stimule les muscles et le métabolisme, ce qui aide le chien à se réveiller. Ces gestes sont utiles au bien-être et à la santé. Ce carlin fait partie de ces séniors qui n'arrivent plus à étirer convenablement tous leurs membres et apprécient les massages réguliers.

Tu aimes ?

Se mordiller gentiment est d'une part une affaire d'hygiène corporelle, d'autre part une expression évidente de sympathie. La délicatesse avec laquelle les chiens se servent de leurs incisives est étonnante. Ce geste, de même que le léchage d'oreilles, sert à renforcer les liens.

Ce qui est important pour moi

Chaque chien est attaché à certains objets, les « ressources ». La priorité qu'il leur accorde le pousse à les défendre au point d'aller parfois au conflit. C'est ce qu'on appelle « la protection de ressource ».

Tu ne l'auras pas

Les jouets sont une ressource qui permet aux chiens de se mettre en valeur. La situation peut toutefois se révéler tendue s'ils sont plusieurs. Des bêtes qui se connaissent bien, comme ceux-ci, se chamaillent en général gentiment pour attraper la poule en caoutchouc ou la balle de l'autre, mais le jeu peut toujours dégénérer. Il est préférable de cacher les jouets pendant une promenade, où l'on risque de rencontrer des chiens étrangers, ou lors de la visite d'un autre canidé.

LE SAVIEZ-VOUS ?

Être propriétaire d'un os peut se révéler problématique. Lorsque l'un de ses congénères est dans les parages, il est en effet assez fréquent qu'un chien ne puisse pas savourer son os en paix. Les deux vont se surveiller du coin de l'œil et la situation risque de se dégrader. Mieux vaut distribuer les os à ronger moins fréquemment et quand les chiens ne sont pas ensemble.

Ne touche pas à ma gamelle

Le maître devrait pouvoir à tout moment saisir la gamelle pleine, l'os à ronger ou le jouet de son chien – c'est parfois indispensable. C'est une bonne idée d'habituer son chien à ces situations en faisant des tests. Mais n'exagérez pas, sinon il voudra défendre ces ressources dont vous le privez sans cesse.

Ne pas déranger

Leur maître est pour beaucoup de chiens une ressource majeure. L'intimité qu'ils entretiennent avec ce bipède est de ce fait un privilège qu'ils défendent parfois avec virulence, ce qui passe souvent pour de la jalousie. L'homme doit inspirer assez de confiance à son chien pour décider s'il caresse d'autres chiens ou non.

Mon coin préféré

L'accès au lit et au canapé est un sujet épineux chez les propriétaires de chiens. Le chien a-t-il le droit ou non de s'y allonger ? Si l'animal libère la place sans faire d'histoire dès que son maître souhaite s'y installer, pourquoi pas ? Il est cependant préférable de recouvrir le canapé d'une couverture à l'intention de votre compagnon.

Chez le vétérinaire

Une visite chez le vétérinaire donne des palpitations aux chiens les plus courageux. Et cela n'a rien d'étonnant. Les bruits et les odeurs étranges, les autres chiens paniqués, les humains nerveux et enfin ce personnage en blouse blanche, qui la dernière fois vous a enfoncé un objet pointu dans l'anus, sont autant de motifs de frayeur. Comment garder son calme ?

Le transfert

Ce sheltie, dans la salle d'attente, a l'air plutôt nerveux, malgré les caresses de sa maîtresse qui tente de le rassurer. Or, ces gestes pleins de bonnes intentions n'apaisent pas du tout le chien – au contraire ! Aucun être humain, aussi malin soit-il, ne peut cacher son angoisse à son chien. On peut ici parler de transfert, la femme communiquant sa nervosité au chien de plus en plus terrifié.

LE SAVIEZ-VOUS ?

Si vous vous comportez de manière inhabituelle, avant de partir chez le vétérinaire, un chien peu sûr de lui aura vite la puce à l'oreille. Continuez le plus longtemps possible à vaquer à vos occupations habituelles, faites une promenade et évitez tout ce qui pourrait éveiller la suspicion.

Le calme revenu

L'ambiance est désormais détendue et le transfert positif : le sheltie s'est calmé et le jeune dalmatien est même couché par terre, très décontracté. Leurs maîtresses bavardent, sans manifester la moindre inquiétude, ce que les animaux ressentent très bien. Parfois aussi, le chien ne pensera pas à stresser si vous l'occupez avec des exercices simples ou que vous jouez calmement avec lui.

Un susucre ?

Pour briser la glace, rien de tel qu'une friandise donnée au bon moment. Beaucoup de vétérinaires ont pris l'habitude de ne pas s'approcher de leurs patients avec le stéthoscope et la seringue, mais de prendre tranquillement le temps de faire leur connaissance. Cette petite chienne terrier apprécie. À l'occasion, passez à l'improviste chez votre vétérinaire avec votre chien ; il pourra tout regarder, recevra une friandise et trouvera peut-être même cela agréable.

Vieux, et alors ?

Votre chien vous a fidèlement tenu compagnie pendant de longues années. Maintenant, sa truffe blanchit, il ne court plus si vite, il a quelques ennuis de santé et certaines lubies. Mais il est toujours heureux de vivre avec vous et se réjouit de toutes vos attentions. Profitez de ces moments si précieux passés ensemble.

LE SAVIEZ-VOUS ?

Les vieux chiens expérimentent eux aussi la douleur et la maladie. Même si on ne peut lutter contre l'âge, un traitement adéquat les soulage souvent. Des réactions inhabituelles sont parfois un symptôme de souffrance, de maladie ou de sénilité. Si votre vieux toutou se comporte bizarrement, faites-le examiner par le vétérinaire.

Un sommeil réparateur

En vieillissant, les chiens passent de plus en plus de temps à dormir et à somnoler. Il leur arrive de rêver davantage, en tout cas leur sommeil est plus profond. Ne dérangez pas votre compagnon pendant ses siestes bien méritées.

J'y arrive encore

Comme cette chienne, la plupart des vieux chiens ne veulent pas être à la traîne pendant les promenades, même s'ils souffrent de divers problèmes, notamment d'articulations. Promenez-vous moins longtemps mais plus souvent. Faites des pauses, afin que l'animal puisse se reposer.

Mon fidèle ami

L'enfant et le chien grandissent ensemble et se rapprochent au fil du temps. Ils se connaissent et peu de mots ou de gestes leur suffisent pour se comprendre. Le vieux chien aime que son jeune ami l'étreigne, mais trouverait ce geste déplacé de la part d'un étranger.

Regardez, les amis !

Les canidés séniors ressuscitent quand on les sollicite dans la mesure de leurs possibilités. Pour distraire votre retraité, jouez avec lui et emmenez-le se promener. Lisa, âgée de 12 ans, est toujours très fière quand elle peut rapporter ne serait-ce qu'un leurre. C'est d'ailleurs l'occasion de montrer aux novices comment font les pros.

Les plaies de l'âge

Les sens déclinent avec l'âge. Souvent, le processus est assez lent pour que l'animal ait le temps de s'adapter. Cette vieille chienne labrador aveugle aime toujours autant la vie et se débrouille bien grâce aux signaux acoustiques. Elle s'effraie facilement quand on la touche sans prévenir, c'est pourquoi il vaut donc mieux s'annoncer par une parole.

Entre chiens

Les êtres humains ont encore beaucoup à apprendre des chiens. Leurs rapports, francs et directs, sont exemplaires. Ce comportement social est certes inné, mais un jeune chien doit découvrir par lui-même ce qui se fait et ce qui est moins acceptable. Pour devenir un adulte équilibré, il a absolument besoin de passer du temps avec ses semblables. Ces contacts sont d'ailleurs souvent assez mouvementés ; on ne distingue pas toujours si c'est un jeu ou si ça devient sérieux. Les maîtres sont parfois déconcertés. Plus vous en savez sur les chiens et plus vous observez le vôtre, mieux vous comprendrez son comportement.

Les présentations

Les rencontres entre chiens sont nettement plus paisibles quand ils ne sont pas tenus en laisse – dans la mesure où ils sont bien socialisés. C'est une évidence, mais il ne faudrait pas pour autant les laisser vagabonder à leur guise. Bien sûr, les règles souffrent des exceptions, mais l'impartialité devrait toujours être de rigueur.

Bonjour les amis

C'est l'image même d'une rencontre idéale entre chiens. Ils sont aimables et détendus, gardent leurs distances avec politesse, remuent décemment la queue et se reniflent sans indiscrétion. Après les premiers échanges, le lévrier afghan a poursuivi son chemin et le teckel en a profité pour s'amuser comme un fou sur la plage avec son nouvel ami.

LE SAVIEZ-VOUS ?

Pour le bon déroulement d'une rencontre entre chiens en liberté, il est indispensable que chacun ait assez de place pour prendre le large si nécessaire. Sur les terrains clôturés, comme tant d'espaces réservés aux chiens, ils réagissent moins bien : il s'y trouvera toujours un chien dominant pour jouer les propriétaires et harceler les nouveaux venus ou les chiens plus faibles. En général, les maîtres n'y voient que du feu.

Tu me plais bien

Pour faire connaissance, on commence par se flairer. Chez les chiens, l'inspection anale et génitale est particulièrement révélatrice. La chienne tolère l'indiscrétion de l'old english bulldog. Elle feint l'indifférence, sans doute pour ne pas exciter davantage son admirateur.

Ne te sauve pas !

Les chiens connaissant les bonnes manières ne foncent pas sur leurs congénères, mais décrivent un arc de cercle. Dans sa précipitation et son excitation, la chienne à gauche a oublié cette règle. La petite chienne ne trouve pas cette attitude à son goût et se sauve. Intervenez lorsqu'un chien n'arrive pas à se dépêtrer d'un autre.

On se mesure d'abord

Quand deux mâles se rencontrent, surtout la première fois, ils se tournent autour, la queue dressée. Puis ils se regardent de plus près et s'évaluent. Chacun veut se montrer sous son meilleur jour et impressionner l'autre. Au cours de cette ronde, il arrive que l'un se place devant l'autre pour lui barrer la route et montrer que c'est lui le chef. L'issue de la rencontre est encore indécise.

Tu viens jouer ?

Si on ne joue pas, rien ne va. Les chiots et les jeunes chiens ont besoin du jeu pour devenir performants et acquérir les bonnes manières en usage chez les canidés comme chez les humains. Les adultes en profitent aussi : le jeu renforce les liens entre partenaires, aiguise l'esprit… et c'est tellement amusant !

J'ai gagné le premier round

Jouer aide les jeunes chiens à améliorer leur motricité et à doser leur élan. Si le chiot dalmatien mordait trop fort son ami dogue, il perdrait vite son compagnon : il apprend ainsi à se retenir de mordre et assimile les règles qui permettront de prolonger le jeu.

C'est à moi ! Non, à moi !

Jouer seul avec un jouet est moins amusant qu'à deux. C'est ce qu'a expliqué le chiot teckel à poil ras à son homologue à poil long. Maintenant, c'est à qui emportera le gros lot.

LE SAVIEZ-VOUS ?

Le jeu se caractérise par des mouvements et des mimiques exagérés et en tout genre, issus des domaines les plus divers, comme la chasse et la vie sociale. Lorsque des chiens jouent vraiment, chacun d'eux peut quitter le jeu à tout moment sans se faire attaquer par son partenaire.

J'arrive !

Quand ils jouent, les jeunes chiens s'en donnent à cœur joie, surtout s'ils se sentent de force égale et les retrievers, comme ceux-ci, adorent les jeux très physiques. En jouant, ils s'entraînent à faire face, vite et en souplesse, à toutes sortes de situations.

Tu veux jouer avec moi ?

Le golden retriever s'incline, relève l'arrière-train et remue la queue : posture typique du chien qui veut jouer. Le bouvier bernois ne sait pas encore s'il doit accepter. L'appel au jeu sert souvent, par ailleurs, à faire baisser la tension.

J'ai le dessus !

L'inversion des rôles constitue une autre attitude typique de jeu, qui offre l'occasion aux chiens de faire tour à tour le « gendarme », puis le « voleur ». Le plus fort peut aussi prétendre être le plus faible : si le labrador retriever l'emportait toujours sur le teckel, celui-ci se lasserait vite de leurs bagarres passionnées. C'est pourquoi le retriever se retient. Les deux amis vont pouvoir continuer à s'amuser comme des fous.

Les rivalités

Les chiens adoptent plusieurs stratégies pour se mettre en scène, se faire valoir ou remettre les autres à leur place, non sans roublardise. Pour voir comment réagit leur vis-à-vis et valoriser leurs points forts, ils vont faire semblant de jouer, se bagarrer bruyamment ou mettre en place tout un rituel.

Tu n'as rien à dire

Stéréotypie, attitude dominatrice ou simple jeu, le chevauchement peut calmer les nerfs et n'a pas toujours une connotation sexuelle. Les femelles s'y adonnent aussi. La chienne terrier, à droite, se donne du mal pour renforcer son prestige auprès de la jeune chienne berger hollandais, qui se laisse faire.

Tu veux vraiment la bagarre ?

Deux mâles très sûrs d'eux se mesurent : tous deux sont tendus, les queues dressées et les pattes antérieures bien droites, pour faire valoir leur masse corporelle. « Moi aussi, je suis costaud, si tu veux qu'on s'explique, pas de problème ! » pensent-ils l'un et l'autre. Si l'un d'eux se détourne et poursuit tranquillement son chemin, cela ne signifie pas pour autant qu'il reconnaisse la supériorité de l'autre ; il est plus probable qu'il ait les nerfs solides.

Regarde comme je suis fort !

Ces deux teckels se bagarrent pour jouer et se défouler. Pourtant, la menace sous-jacente est claire : « Si je voulais, je pourrais », ce qui peut très bien être un moyen de s'affirmer. Le jeu aide à évaluer l'autre.

C'est moi le plus rapide

La course est un jeu excellent pour tester la forme physique de l'autre et montrer la sienne. Ici, le terrier de Boston est fou de joie de poursuivre le jeune saint-bernard dans un pré : il a l'impression d'être un gros chien.

Le défi

Deux mâles qui se battent sont toujours bruyants, mais le spectacle est moins dangereux qu'il n'y paraît. Ces bagarres destinées à épater la galerie leur permettent de mesurer leur force, sans se faire de cadeaux, mais sans davantage vouloir blesser l'autre, en général.

LE SAVIEZ-VOUS ?

Les fausses bagarres entre mâles n'ont rien d'inquiétant, même s'ils récoltent des égratignures. C'est leur excédent de testostérone qui les pousse à s'expliquer. Le combat ne devient préoccupant que lorsqu'ils se taisent et que le mouvement se ralentit.

Tu as raison

Le plus intelligent des deux abandonne – c'est valable aussi pour les chiens. Ils disposent toujours de plusieurs solutions pour se sortir de situations pénibles. Celui qui indique qu'il laisse tomber et reconnaît – momentanément – la supériorité de l'autre n'est pas forcément faible, mais plutôt malin.

On fait une pause ?

Deux jeunes chiens jouent ensemble : le braque hongrois à poil court, à droite, en a visiblement assez de faire le fou avec le saint-hubert, nettement plus corpulent. Il a besoin d'une pause et le fait comprendre par une posture de soumission, en se couchant sur le dos et en rabattant les oreilles en arrière.

J'ai envie de jouer, pas de me battre

Le teckel à droite est tendu, ce qui se voit à ses pattes antérieures bien droites, mais ses oreilles rabattues adressent un message ambigu à son vis-à-vis. Ce dernier se fait petit pour proposer un jeu qui les mettra d'accord. En se tapissant dans l'herbe, il démontre ses intentions pacifiques.

Tu ne me trouves pas mignon ?

Ce chiot asticote sa tante, qui semble légèrement agacée. Il tente de la calmer en lui léchant le museau. Sa queue dressée, néanmoins, signale qu'il réclame son attention. Il est tout à fait possible, par ailleurs, que la tante soit ravie d'être un sujet si intéressant.

LE SAVIEZ-VOUS ?

Beaucoup de signaux d'apaisement trouvent leur origine dans le comportement des chiots. Pour inciter leur mère à régurgiter de la nourriture, par exemple, ils lui lèchent le museau. Donner la patte peut également faire baisser la tension : ce geste rappelle celui du chiot qui tète et malaxe les mamelles de sa mère pour faire monter le lait. Chez un chien adulte, l'interprétation de ce geste dépend du contexte : il n'a pas forcément vocation à apaiser, mais peut indiquer un conflit intérieur.

D'accord, j'ai compris

Le jeune chien au milieu a été légèrement insolent en jouant avec les deux grands, qui lui ont donné une correction. Pour montrer qu'il a compris et se comportera mieux à l'avenir, il se fait tout petit en se couchant et en s'aplatissant. Il se lèche le museau pour les apaiser.

Je suis décidé !

Un comportement agressif est tout à fait normal dans les échanges entre chiens. Le plus souvent, il sert à garder ses distances et, de ce fait, à éviter des conflits plus graves ainsi que d'éventuelles blessures. L'animal recourt alors à tout un répertoire de gestes agressifs, tels que plisser le museau, gronder, montrer ses crocs, mordre pour se défendre et se raidir.

LE SAVIEZ-VOUS ?

Les chiens que la peur rend agressifs ont tendance à gronder et à mordre quand ils ne voient pas d'échappatoire. Ce stratagème leur a sans doute déjà permis d'obtenir ce qu'ils voulaient : que l'autre garde ses distances. Ils le réemploient donc toujours pour en tirer un avantage. Ils adopteront un comportement différent s'ils découvrent d'autres moyens d'éviter les conflits potentiels.

Laisse-moi tranquille

Juste avant, ces trois bassets hounds s'amusaient comme des fous, puis le jeu a dégénéré et les deux aînés ont fait cause commune contre le troisième. Couché sur le dos, il se sent acculé par ces deux costauds qui ont l'air déterminés. Il ne lui reste plus qu'à les menacer pour se défendre, à leur faire comprendre qu'il est prêt à mordre s'ils ne le laissent pas en paix – ce qui se voit à ses babines retroussées.

Pas un pas de plus !

Le regard fixe du barzoï est une mise en garde sans équivoque : on ne passe pas ! Le teckel réagit de façon typique et détourne le regard, pour ne pas provoquer et éviter une réaction plus vive de ce géant.
Les chiens qui ont été sociabilisés savent très bien se sortir des situations les plus pénibles avec leurs congénères.

Tu dégages, sinon c'est ta fête !

Ces deux mâles entiers et du même âge qui se croisent lors d'une promenade se sont déjà rencontrés plusieurs fois et ont eu l'occasion d'échanger quelques amabilités. Tous deux sont très déterminés. Le berger noir tend son corps et ses oreilles vers l'avant, les poils du dos hérissés et la queue dressée. Il est prêt à passer à l'offensive, comme en témoignent ses babines courtes et arrondies.

En meute

En groupe, les chiens sont plus forts, plus inventifs et flairent, voient et entendent mieux que seuls – rien ne leur échappe. Ils ont plus de chance d'atteindre leur but quand ils sont ensemble, qu'il s'agisse de chasse ou d'autres activités. De plus, le groupe offre une meilleure protection contre les dangers. Voilà de bonnes raisons de se retrouver entre amis !

Je peux passer ?

Les beagles et les fox-hounds sont deux races qui chassent en meute. Ces chiens supportent donc très bien leurs congénères. Certaines qualités sont innées, comme leur seuil de tolérance élevé pour la promiscuité et les comportements agressifs, par exemple, mais chacun doit apprendre les règles de la vie en commun.

J'aime mieux être seul

Les chiens ne sont pas tous sociables. Ce teckel est solitaire et préfère vaquer seul à ses occupations. Pendant les promenades, ces animaux ne s'intéressent pas à leurs congénères et ne leur prêtent aucune attention. En famille aussi, ils se sentent mieux s'ils sont seuls.

On va faire un tour ?

Pour ces chiens, la promenade à plusieurs est l'un des temps forts de la journée. Ensemble, ils vont faire les fous, courir, partir à l'aventure. Attention, toutefois : si l'un d'eux aime bien chasser sans y être autorisé, il peut entraîner toute la troupe – qui ne demande pas mieux. Les chiens sont attentifs aux leçons de leurs congénères – y compris quand il s'agit de bêtises.

Tu ne vas pas m'échapper

Les chiens ne sont pas toujours ces créatures attentionnées dont nous rêvons. Beaucoup adorent houspiller leurs congénères moins vigoureux, moins résolus ou plus jeunes. Celui qui se retrouve dans le rôle de victime finit souvent en gibier de véritables chasses à courre, comme ici. Il est alors impératif qu'un être humain intervienne. Or, il arrive que des impertinents commencent par provoquer les autres chiens, sachant que leur maître interviendra pour les sortir d'une situation dont ils sont responsables. Ces zouaves devraient apprendre à tirer les conséquences de leurs actes.

LE SAVIEZ-VOUS ?

Les chiens ne se comportent pas du tout de la même manière quand ils sont à plusieurs et s'accordent des libertés qui seraient impensables quand ils sont seuls. Un groupe équilibré peut être complètement perturbé par l'arrivée ou le départ de l'un des membres. La répartition des rôles et la stabilité de sa structure risquent de s'en trouver bouleversées et totalement à revoir.

C'est moi qui décide

L'adjectif « dominant » revient fréquemment dans les descriptions de chiens. Pourtant, la domination n'est pas un trait de caractère. Un chien n'est dominant qu'à l'intérieur d'une relation et il l'est d'ailleurs plus ou moins, selon le cas. Et encore ne l'est-il que si un autre le lui permet.

LE SAVIEZ-VOUS ?

L'animal dominant s'attribue des droits qu'il ne reconnaît pas à un autre – qui l'accepte. Un chien va tenter de se comporter en dominateur en fonction de la priorité qu'il accorde à une situation donnée. Il désire en général obtenir certains privilèges.

Ne bouge plus

Après une course folle, le bouvier bernois se place devant le golden retriever et l'empêche de poursuivre son chemin. Limiter la liberté de mouvement de leurs congénères, pour les rapetisser ou les empêcher d'agir – pour les contrôler – est une stratégie fréquente. Les chiens déchiffrent très bien ce signal. Les humains peuvent aussi utiliser leur langage corporel pour se faire comprendre de leur chien et limiter leur liberté d'action.

Je te remets à ta place

La jeune chienne labrador vient de se défouler avec ses amis, en se plaçant au premier plan. La chienne whippet, qui vit dans la même famille, punit la jeune insolente en la chevauchant, pour l'abaisser. Son message peut se comprendre de la sorte : « Ne crois pas que tu vas en faire autant à la maison ! »

Reviens vers moi !

Trois, c'est un de trop et c'est bien le cas ici. La labrador vient de s'en donner à cœur joie avec la chienne berger hollandais, ce qui a vexé son amie, une westfalen terrier. Elle pose sa tête sur la coupable, geste clair de domination, qui signifie ici : « Occupe-toi de moi et ne va pas jouer avec les autres. » La chienne berger comprend très bien la revendication de sa compagne.

Tu viens ?

La laisse est assez indispensable, selon les caractères. Or, les rencontres entre chiens tenus en laisse sont souvent difficiles. Ils ne réagissent pas de la même façon lorsqu'ils ne sont pas libres de leurs mouvements. S'ils sont gênés dans leurs rituels de salutation, cela peut se solder par un accrochage.

Retiens-moi, ou je fais un malheur

Une algarade s'esquisse entre deux mâles entiers tenus en laisse. Le rhodesian ridgeback, par sa posture et son regard fixe, provoque le berger, qui tire tant qu'il peut sur sa laisse. Sur cette allée étroite, les chiens sont très proches : il serait préférable qu'ils marchent du côté extérieur. Si les humains se plaçaient au milieu, la situation serait moins tendue. En général, les chiens sont soulagés quand ils ne se sentent pas obligés d'agir.

Je suis bien avec toi

Cette solution est nettement meilleure et aucun des chiens n'est énervé : le teckel est heureux d'être avec sa maîtresse, qu'il admire, et le pékinois poursuit son chemin. Les humains forment entre leurs chiens un mur protecteur qui leur permet de les contrôler.

On se connaît ?

Les chiens ne supportent pas tous aussi bien qu'on vienne les renifler quand ils n'ont pas la possibilité de s'échapper. Il est important que vous compreniez les réactions de votre chien et que vous sachiez si ces saluts lui plaisent. Si ce n'est pas le cas, s'il est stressé, ne laissez plus les autres chiens s'approcher si près.

Comment se dépêtrer ?

Ici, les laisses se sont emmêlées après une prise de contact animée et le whippet n'apprécie pas du tout. Dans une situation pareille, un chien peut paniquer et tout faire basculer. Évitez, si possible, d'en arriver là.

LE SAVIEZ-VOUS ?

Les motifs de stress d'un chien tenu en laisse :

- Son champ d'action est limité et il ne peut pas s'échapper.
- Il sent la tension de la laisse, ce qui l'excite encore plus.
- Le chien défend son maître, les friandises cachées dans la poche de celui-ci ou ses jouets, des ressources importantes à ses yeux.
- L'humain réagit mal, ce qui aggrave la situation.
- Les chiens ne supportent pas tous la proximité d'un congénère.
- Certains chiens se sentent très forts avec leur maître à leurs côtés.

Entre amis

Les amis se font confiance et s'apprécient – cela vaut pour les humains comme pour les chiens. Un chien peut dire ce qu'il pense à son ami, sans risque de conflit. Et surtout, ensemble, la vie est bien plus belle !

Qu'est-ce que tu flaires là ?

Lorsqu'un chien repère quelque chose d'intéressant, ses amis rappliquent à toute allure pour jeter un coup d'œil. Chacun tire parti des qualités de l'autre.

LE SAVIEZ-VOUS ?

Les chiens ne se font pas des amis qu'au sein de leur foyer. Pour se lier d'amitié, il n'est pas indispensable de se voir tout le temps et on est d'autant plus heureux de se retrouver. Ceux qui ont joué ensemble étant chiots, par exemple, restent amis d'enfance et jouent d'une manière très particulière. Les jeunes chiens qui s'attachent à un adulte éprouvent souvent pour lui de la vénération et veulent l'imiter en tout.

On arrive !

Des chiens amis qui marchent côte à côte expriment leurs liens d'affection, comme ici ce couple mal assorti.

Je t'aime bien

Les preuves d'affection, telles que les contacts physiques et les coups de langue délicats, renforcent les liens, consolident l'amitié et favorisent notamment la production d'ocytocine, l'hormone de l'amitié.
Une toilette mutuelle signifie que l'on se soucie de l'autre et de son bien-être.

Ce qui est à moi est à toi

Les chiens partagent plus volontiers leurs ressources avec leurs amis qu'avec des inconnus. Chacun aimerait mieux avoir le bâton pour lui tout seul, bien sûr, mais ils ne vont pas se battre pour autant – ils se chamailleront tout au plus. Si toutefois l'un des deux accorde trop d'importance à son trésor, son compagnon devra en tenir compte.

C'est moi qui ai la souris

Retourner le jardin en équipe pour chasser les souris est un plaisir rare. Chacun des teckels creuse son terrier, mais laisse ainsi aux autres une chance de réussir.

La tolérance est un aspect majeur de toute bonne amitié. Ce qui n'empêche pas, ensuite, d'essayer de piquer sa proie au copain.

Quoi de neuf ?

Le sens le plus développé chez les chiens est sans aucun doute leur odorat phénoménal – du moins comparé à celui de l'humain. Nous savons que les chiens, en se reniflant, récoltent toutes sortes d'informations sur leur vis-à-vis, mais cet échange fonctionne aussi sans contact direct. Ils ont leur propre réseau de télécommunications, fondé sur des signaux olfactifs.

La bonne odeur !

Gratter la terre après avoir déféqué ou uriné, c'est montrer qu'on laisse un signal olfactif. On peut interpréter ce geste comme une fanfaronnade s'il est effectué en présence de congénères et si le chien regarde pour vérifier que tout le monde l'a vu. Et, comme souvent, il rate son coup. Les connaisseurs savent qu'un dur à cuire, un chien vraiment dominant, n'a pas besoin de ça.

Qui est passé par ici ?

Qui a laissé ce signal, un mâle ou une femelle ? Je le connais ? Quel est son rang ? A-t-il des problèmes de santé ? Est-il gravement malade ? Est-ce qu'il est sûr de lui, ou pas du tout ? Quand est-il passé ici et dans quelle direction allait-il ? Et si c'était une chienne, où en est-elle dans son cycle ? L'urine, les excréments et les sécrétions fournissent toutes ces informations.

Je suis un chef

Les mâles lèvent la patte et les chiennes s'assoient pour uriner. Mais rien n'est simple : il n'est pas rare que des chiennes pratiquent le marquage urinaire, résolument et plusieurs fois pendant une promenade. Elles lèvent donc la patte, comme cette chienne kangal.

C'est mon territoire !

Les signaux olfactifs placés à des endroits stratégiques servent à marquer le territoire et révèlent l'identité de celui qui est passé. Il faut marquer le plus haut possible pour que le message soit bien net. C'est pour cela qu'on voit des petits chiens pleins d'ardeur se livrer à de véritables acrobaties, allant jusqu'à faire le poirier !

LE SAVIEZ-VOUS ?

Il est assez fréquent que les chiens urinent par-dessus les traces des autres. À peine l'un est-il passé que le suivant vient recouvrir sa signature. Selon certaines hypothèses, ce serait un geste de domination, mais elles semblent aujourd'hui révolues. Ce serait plutôt une façon d'indiquer son appartenance au groupe, un signal, ou tout simplement une signature : « J'étais là. » À l'extérieur, les chiens marquent aussi leurs ressources.

Qu'est-ce que tu veux me dire ?

Les chiens utilisent tout leur corps pour communiquer, de la truffe à la queue. Leur répertoire n'est plus aussi diversifié que celui de leurs ancêtres loups, mais il leur permet néanmoins de se comprendre dans toutes les situations grâce à des signaux plus ou moins prononcés, souvent multiples, et par l'impression d'ensemble. Lors de face-à-face entre chiens de race différente, toutefois, certaines caractéristiques physiques peuvent conduire à des erreurs d'interprétation.

LE SAVIEZ-VOUS ?

Si l'on connaît bien son chien, on décèle facilement son humeur, malgré ses plis, l'absence de queue, les oreilles pendantes ou son pelage abondant. En général, les chiens qui se connaissent bien et ont appris à évaluer l'autre n'ont pas de peine à se comprendre, malgré leurs différents modes d'expression. Pour éviter les erreurs d'interprétation avec des inconnus, il est bon que les chiots se familiarisent avec le plus possible de races.

Tu en fais, une tête !

Le visage est très révélateur de l'humeur du chien, qu'il montre des crocs menaçants ou fasse le pitre pour jouer. Or, de nombreuses races sont privées de ces possibles expressions faciales ou donnent l'impression d'être en permanence d'humeur égale. Cet old english bulldog, par exemple, a du mal à communiquer ses émotions avec ce museau toujours ridé. Ses congénères sont portés à croire qu'il plisse le nez en signe de mécontentement.

Qu'est-ce qu'il me cache ?

Sa posture trahit la tension du chien : ses pattes antérieures bien droites et ses poils dressés sur le dos signifient-ils qu'il veut paraître plus gros qu'il ne l'est ? Or, un chien ne peut pas déceler ces signaux à première vue quand il se trouve nez à nez avec un membre d'une race à poil long. Les propriétaires de ces derniers remarquent souvent la perplexité ou même la timidité qu'ils inspirent à leurs congénères. Il est encore plus difficile d'interpréter ce que pense un chien quand des touffes de poils recouvrent son visage et surtout ses yeux – comment entrer en contact quand on ne sait pas quoi penser ?

Quel prétentieux !

Un chien peut bien mieux évaluer son vis-à-vis quand il voit sa queue. Un appendice caudal dressé révèle une forte excitation, voire le désir de dominer. Un chien doté d'une queue enroulée donne de ce fait l'impression d'être un fanfaron, du moins à première vue, ce qui détermine les réactions des autres chiens. Celui qui n'a pas de queue ou juste un moignon rencontre le même type de problèmes. La position des oreilles est également difficile à interpréter : on ne sait jamais trop si les oreilles pendantes sont dressées, tournées vers l'avant ou l'arrière.

Les leçons des grands

Les jeunes chiens ont tant de choses à apprendre ! Vous pouvez leur en enseigner une partie et les aider à acquérir le reste. Mais cet apprentissage des règles de la vie en société ne peut se faire sans l'exemple et la pédagogie de chiens adultes.

Tu ne peux pas avoir tout ce que tu veux !

Les chiens adultes bien intégrés sont les meilleurs des éducateurs et donnent d'excellentes leçons aux chiots. Ici, la chienne berger blanc suisse mâche ostensiblement son bâton, comme pour dire au petit, qui fronce le nez et redresse les oreilles, qu'il n'a pas intérêt à s'en emparer. Le chiot apprend à gérer sa frustration et comprendra qu'il ne peut pas tout se permettre.

Le vilain

Ce chiot berger islandais ayant été insolent, sa mère le force à s'allonger par terre et grogne pour le corriger. Les chiens ne sont pas toujours délicats entre eux, mais, s'ils sont bien sociabilisés, ils sont toujours équitables. La femelle réagit à la situation et ne lui gardera pas rancune. Il est préférable, pour le petit, de recevoir la leçon de sa mère que d'un congénère qui ferait preuve de moins de retenue.

Regarde comme c'est amusant

Les chiots sont plus courageux face aux nouveaux défis quand des adultes leur indiquent comment s'y prendre et leur montrent que ce n'est pas dangereux. Ce jeune hovawart encore hésitant se jette à l'eau, grâce aux encouragements de ses aînés.

Comme je t'admire

Les adultes qui se prennent d'affection pour des chiots savent très bien leur montrer, l'air de rien, jusqu'où peuvent aller les taquineries. Ce chiot berger islandais saisit le jouet sans aucun égard et part avec, mais c'est bien la dernière fois.

Patience !

Le carlin noir tolère le chiot qui le houspille. Parfois, il est plus sage de ne pas prêter attention aux petits téméraires. S'il ne réagit pas aux agaceries du petit, celui-ci s'en lassera et ira chercher une autre occupation.

LE SAVIEZ-VOUS ?

Les chiens étrangers ne se sentent pas tenus de protéger les chiots. Leur tolérance dépend de leur degré de sociabilisation et de leur personnalité – ceux qui n'aiment pas les chiots ne s'en cachent pas. Méfiez-vous, par conséquent, lorsque vous tombez sur des inconnus.

Chien & humain

Compagnons de route depuis des millénaires, c'est ensemble que l'être humain et le chien ont conquis le monde. Sans doute leurs points communs expliquent-ils le succès sans précédent de cette aventure commune. Créatures très sociables, l'un et l'autre se dédient corps et âme à l'éducation de leur progéniture, travaillent en équipe, veulent connaître leur rôle dans la communauté et le remplir de leur mieux. L'homme et le chien ne sont donc pas si différents et aujourd'hui encore tirent parti de leurs qualités mutuelles – quand tout va bien. C'est à vous de prendre les devants pour que la vie avec votre chien soit épanouissante.

La vie à deux

L'acquisition d'un chien n'est que la première étape d'une cohabitation harmonieuse. La confiance est à la base de toute bonne relation entre bipède et quadrupède, mais elle se mérite. Les expériences communes aident à évaluer le compagnon et, peu à peu, à lui faire confiance.

Continue !

La chienne se roule avec bonheur dans l'herbe, à côté de son amie qui lui gratte le ventre. Sa posture témoigne de sa confiance totale.

Joue avec moi !

Auriez-vous envie d'un compagnon toujours sérieux, qui ne pense qu'à accomplir son devoir ? Sûrement pas ! Pour être heureux à deux, il faut aussi s'amuser. Le chiot accepte avec joie de jouer avec sa maîtresse et de passer un bon moment avec elle.

LE SAVIEZ-VOUS ?

Les chiens ne demandent qu'à partager la vie de leur humain. La fiabilité, l'équité, un cadre délimité et la prise en compte de leurs besoins sont tout ce qu'ils demandent. La confiance vient naturellement quand on sait pouvoir compter sur quelqu'un.

Et maintenant ?

Le maître se promène avec son chien qui pose sur lui un regard d'adoration. Un chien suit son maître quand celui-ci a réussi à lui faire comprendre que la vie à deux est passionnante. Pour cela, rien de tel que de partager les aventures et les défis.

Une bonne sieste

Les petits rituels entretiennent l'amitié. Le teckel apprécie l'heure de repos quotidien avec son humain et se love contre lui. Cette façon de se rapprocher, de se détendre sans avoir à observer les règles de bienséance, cimente la relation entre l'humain et le chien.

Je t'attendais

Le chien accueille joyeusement sa maîtresse. Montrez-lui à quel point cet accueil chaleureux vous fait plaisir. Ce serait dommage que votre absence le laisse indifférent. Cela dit, le chien ne doit pas trop s'exciter quand vous arrivez, calmez-le au besoin. Ensuite, vous pourrez vous faire plein de câlins ou jouer ensemble.

Mes préférences

Le bien-être absolu : les chiens adorent se faire caresser et grattouiller sur tout le corps par l'humain en qui ils ont confiance – tout comme ils aiment se faire toiletter par leurs amis chiens. Bien sûr, ils ont leurs préférences, qui varient d'un sujet à l'autre.

LE SAVIEZ-VOUS ?

Commencez la journée par un massage tonifiant pour le chien, qui stimule son métabolisme et régularise votre circulation sanguine. Le soir, en le massant, vérifiez que tout va bien.

Gratte-moi partout

Cette chienne berger islandais s'abandonne avec une grimace de bonheur aux câlins affectueux de sa maîtresse et lui offre son ventre. Il faut être vraiment en confiance pour adopter une position aussi vulnérable au milieu d'un pré. Commencez par familiariser votre chien avec ces gestes à la maison, puis dans un jardin où il a ses habitudes. La présence d'un chien étranger risquerait de perturber cet échange.

Devant, c'est bon...

Les chiens craintifs se détendent plus vite si la personne qui les caresse ne se penche pas au-dessus d'eux. Ici, la maîtresse a le buste en arrière, ce qui laisse assez d'espace libre à la chienne qui avance sa poitrine et ses épaules vers les mains bienfaisantes.

... et derrière, quelle volupté !

Assez souvent, les chiens raffolent des caresses sur l'arrière-train. Certains sautillent et dansent pendant l'opération et se collent de plus en plus contre leur bienfaiteur. Les chiens souffrant de problèmes aux hanches apprécient les massages doux sur cette zone sensible. Si vous voulez cajoler votre chien dans un but thérapeutique, demandez conseil à votre vétérinaire ou à un thérapeute animalier.

L'acupression

De nombreux points d'acupression se trouvent au niveau des oreilles. Si vous maîtrisez cette technique, le chien en sentira les bienfaits des pattes à la tête. Cette chienne apprécie visiblement le massage en douceur de ses oreilles et se détend de plus en plus, à en croire sa queue qui retombe. Pour vous initier à l'acupression, lisez des ouvrages spécialisés ou inscrivez-vous à un séminaire.

Avec toi, je me sens en sécurité

Les chiens apprécient les leçons reçues des humains, par exemple pour détecter les dangers et prévenir les risques. Le chien n'est pas tenu de protéger son humain avant toute chose, c'est à celui-ci, élu chef de meute en quelque sorte, d'être là quand son chien a besoin de lui. Il doit intervenir auprès de son animal quand celui-ci se retrouve en difficulté par manque d'expérience, se montre craintif ou prend des risques inconsidérés dans une situation apparemment sans danger.

Tu ne risques rien

Cette chienne est terrifiée par le conteneur blanc. Sa maîtresse s'en approche, le touche, regarde de plus près, commente la situation sur un ton amusé et à haute voix, puis repart. Il est préférable de ne pas regarder le chien pendant l'inspection, de ne pas l'appeler ni de le faire venir, ce qui ferait monter la pression. La chienne, qui sent sa maîtresse parfaitement à l'aise, reprend courage et s'approche.

LE SAVIEZ-VOUS ?

Lorsqu'un humain et un chien surmontent ensemble une peur ou une épreuve, leur équipe et leur confiance mutuelle en sortent renforcées. D'autre part, chaque chien est différent – souvent, les humains ne s'en rendent compte que lorsqu'ils ne comprennent rien aux réactions de celui qu'ils viennent d'accueillir chez eux.

Elle est super

Un « assise ! » a intimé à la chienne l'ordre de ne pas bouger et d'attendre que sa maîtresse ait fini d'inspecter les lieux – qui sait quels dangers et quelles surprises les guettent au-delà du virage ? Elle observe attentivement ce qui se passe devant et patiente en attendant l'ordre de poursuivre son chemin. L'humain qui veille à la sécurité de son compagnon renforce son prestige auprès de lui, grâce à ce stratagème qui accroît son importance et montre qu'il maîtrise la situation.

Ma maîtresse s'en sort très bien

Les propriétaires de petits chiens éprouvent de vives émotions quand ils rencontrent de grands chiens qui font les fous. Le teckel se sent tout de même en sécurité, sa maîtresse s'étant interposée pour régler le problème. Pour ne pas perdre son calme dans ce type de situation, il est bon de s'y préparer afin de définir les rôles de l'un et de l'autre. Le plus sage, c'est de ne pas laisser les chiens étrangers s'approcher, mais de les tenir à distance en avançant la main et de les faire partir.

Les yeux dans les yeux

Un regard en dit plus long que mille mots. Les chiens lisent toutes sortes de sentiments sur le visage de leur humain, dont les yeux se font le miroir. Les uns ne supportent pas son regard direct, les autres l'implorent.

Et maintenant ?

Le teckel interroge l'homme du regard, sachant très bien qu'il recevra vite une réponse. Les chiens ont bien compris que les humains ont du mal à résister à leurs regards. Regarder à son tour son chien, c'est lui accorder un témoignage de sympathie et l'attention qu'il réclame.

Toi et moi...

Cette chienne d'un âge vénérable regarde sa maîtresse droit dans les yeux, se tient tout près d'elle et sans la moindre crainte. Ses yeux expriment les liens de confiance et d'affection noués au cours des années passées ensemble.

Je veux te suivre

C'est l'humain qui détermine l'itinéraire de la promenade. Il n'est d'ailleurs pas obligé de marcher toujours devant. Sur un terrain connu, le chien peut aussi passer devant sur une certaine distance et diriger l'équipe. Quand de temps à autre il se retourne vers son maître pour s'orienter, celui-ci doit être attentif à ce geste de coopération et répondre par un mot ou un geste indiquant la direction.

LE SAVIEZ-VOUS ?

Un maître voulant avertir son chien peut, le cas échéant, le regarder droit dans les yeux. Il doit le faire avec mesure et dans un but précis, pour ne pas perturber l'animal. Si celui-ci devient plus agressif, mieux vaut s'abstenir de le fixer, tout comme les chiens étrangers dont l'on ne connaît pas les réactions.

Que veux-tu ?

L'expression des yeux est l'un des meilleurs moyens, pour les chiens, de deviner l'humeur de leur maître. Cette chienne connaît bien sa maîtresse et s'en approche sans crainte, malgré les lunettes de soleil. Cela dit, tout ce qui cache plus ou moins les expressions faciales, comme les lunettes de soleil, une casquette ou une longue frange, complique la communication.

Le geste et l'ordre

Les gestes jouent un rôle considérable dans les échanges avec les chiens. L'humain peut s'en servir pour se faire comprendre clairement, sans prononcer un mot. D'un geste élégant – qui se révèle parfois plus efficace –, vous ordonnez au chien de s'asseoir. Que vous utilisiez les signaux habituels ou que vous les ayez inventés n'a aucune importance.

LE SAVIEZ-VOUS ?

Réfléchissez très tôt aux signes visuels que vous voulez enseigner à votre chien. Ils doivent être clairs, différenciés, mais aussi précis. Sans un effort de votre part, l'élève aura du mal à comprendre.

J'arrive !

Les mains croisées sur la poitrine invitent cette bâtarde, une excellente élève, à rejoindre sa maîtresse. Sur la photo, on voit bien la chienne courir jusqu'aux pieds de sa maîtresse.

Je suis déjà couchée

La main à plat, parallèle au sol, signifie : « Couchée ! » La chienne reste couchée tant qu'elle ne reçoit pas d'autre signe ou la permission de reprendre ses occupations. Ruby est une étudiante douée, qui apprend très vite. Elle observe attentivement sa maîtresse et attend la suite.

Bon, je m'assois

L'index dressé signifie : « Assise ! » Ce signe fonctionne aussi à distance. Éloignez-vous peu à peu et entraînez-vous régulièrement, pour que le chien obéisse à coup sûr. Commencez l'entraînement tout près du chien, puis écartez-vous peu à peu, en fonction de ses progrès.

Je ne bouge pas d'un pouce

La main à plat, la paume dirigée vers le chien qui signifie « pas bouger ! », lui ordonne de rester à l'écart, immobile, tant qu'il n'a pas reçu de contrordre. Il est conseillé de trouver un signal de fin pour ces ordres, sans laisser le chien décider lui-même.

Cherche !

Le doigt tendu indique que quelque chose d'intéressant se trouve par terre. Les chiens réagissent mieux à ce signal que les chimpanzés, qui sont pourtant nos parents proches. Cela tient sans doute aux millénaires de domestication qui les ont rendus si réceptifs à nos désirs. Vous pouvez également apprendre à votre chien à suivre votre regard.

Les gestes à éviter

Les chiens détestent certains gestes des humains, qu'ils assimilent à une contrainte. C'est souvent le cas dans leurs rapports avec des étrangers.

Je veux me sauver !

Cet homme a gentiment pris dans ses bras la chienne retriever de la baie de Chesapeake et se penche au-dessus d'elle. Elle est visiblement mal à l'aise, se tortille et cherche par tous les moyens à s'échapper. Elle se lèche, signe de son conflit intérieur, mais aussi qu'elle cherche à atténuer la tension. Les chiens acculés de cette façon peuvent devenir agressifs, pour tenir l'importun à l'écart.

Je ne cherche pas la bagarre

La chienne évite le regard de l'homme et détourne la tête. Un chien se sent toujours menacé quand on le regarde droit dans les yeux. En détournant les yeux, l'animal évite une provocation supplémentaire et donc l'affrontement. Ne regardez jamais de cette façon des chiens que vous ne connaissez pas, car il est impossible de prévoir leurs réactions.

LE SAVIEZ-VOUS ?

Votre chien ne se sent pas forcément provoqué quand vous vous penchez sur lui ou que vous le regardez droit dans les yeux. Il vous connaît assez bien pour évaluer la situation. Utilisé à bon escient et avec clarté, ce langage corporel peut servir à l'éduquer, par exemple pour lui signaler qu'il est temps d'arrêter les bêtises.

Tu arrêtes ?

L'homme se penche en avant, regarde la chienne droit dans les yeux et lui caresse le cou. Ces gestes, qui paraîtraient affectueux à un humain, ne plaisent pas du tout à la bête. Elle se sent harcelée, comme en témoignent son buste et ses oreilles rabattus en arrière, ainsi que son halètement.

Je préfère garder mon calme

La tête penchée, la chienne regarde ailleurs, pour ne pas répondre au geste menaçant de l'homme et faire baisser la tension. Une forte présence physique intimide ou énerve les chiens, selon leur caractère, et ils réagissent en conséquence. Devant ce type de réaction, mieux vaut reculer et prendre ses distances jusqu'à ce que le calme soit revenu.

Le langage corporel humain

Le chien recherchera plus ou moins le contact en fonction du langage corporel de l'humain. Si les intrépides ne se gênent pas, le moindre geste impressionne les plus craintifs.

En route !

La chienne berger hollandais marche derrière sa maîtresse dans un pré. C'est à vous de marquer le rythme, pour que votre chien vous suive sans avoir l'idée de vagabonder. Ne vous arrêtez pas sans cesse pour le regarder, il croirait qu'il peut décider de la direction et de l'allure. Or, c'est à lui de faire un effort pour ne pas se laisser distancer.

Me voilà !

La chienne se jette joyeusement dans les bras de sa maîtresse assise par terre. Un chien, et en particulier un chiot, viendra plus facilement vous voir si vous êtes accroupi, et que vous paraissez moins grand. Les chiens adultes, eux aussi, sont souvent intimidés par la présence physique et préfèrent garder une certaine distance. Dans ce cas, ne vous présentez pas de face, mais plutôt de côté.

J'ai droit à un biscuit ?

La chienne marche droit vers sa maîtresse accroupie, en regardant la friandise. Le langage corporel de la jeune femme, qui tient son buste en arrière, est irréprochable. Pendant les exercices, une récompense offerte au bon moment est efficace. Elle fait comprendre au chien qu'il a bien obéi, mais il faut la donner à temps, sinon il croirait qu'elle récompense l'effort suivant.

C'est vraiment utile ?

La chienne, de toute évidence mal à l'aise, ne se rapproche pas de la femme, détourne les yeux et rabat ses oreilles. Elle désapprouve le langage corporel maladroit de cette personne penchée au-dessus d'elle et qui pose sa main sur son flanc. Si vous posez la main sur un chien qui s'avance vers vous, il y a des chances pour qu'il ralentisse et garde ses distances.

LE SAVIEZ-VOUS ?

Si le fripon s'est sauvé sans votre permission et revient de lui-même, essayez de rester neutre. Vous comprendrez facilement que des cris de colère ne l'inciteront pas à revenir la prochaine fois. Ce serait également une erreur de l'applaudir : il penserait que vous le félicitez aussi pour sa fugue. La meilleure réaction est sans doute un « ah ! tu es rentré ! », prononcé sur un ton indifférent tout en poursuivant vos occupations.

Je fais le beau et je saute

Les chiens sautent sur les gens pour plusieurs raisons : parce qu'on leur a appris ce tour, par affection, pour saluer ou pour témoigner d'un amour débordant. Cependant, c'est souvent un geste importun, à la limite de l'insolence, de l'animal qui vous teste pour voir ce qu'il peut se permettre.

Comme on s'aime !

La chienne berger islandaise se dresse sur ses pattes postérieures à la demande de sa maîtresse et reçoit des caresses. Ici, le saut se fait d'un commun accord et est devenu un rituel de retrouvailles. Lécher le visage pour saluer est un comportement hérité de l'époque où le chien était un chiot.

C'est la fête

Cette chienne ne se laisse pas décourager par sa maîtresse qui se détourne et va jusqu'à l'entourer de ses pattes. Certains chiens comprennent qu'ils ne doivent pas sauter quand leur maître se tourne et montre le dos ou lève un genou, mais celui-ci y voit une invitation à faire la fête.

Encore ! C'est super !

Cette chienne saute sans façon sur sa maîtresse. Les bras levés l'excitent et elle se déchaîne. Les mouvements rapides et exagérés ressemblent à ceux des chiens en train de jouer et les incitent à faire les fous.

LE SAVIEZ-VOUS ?

Si les sauts de votre chien vous importunent, cherchez ce qui pourrait les stopper. Au lieu de l'éviter, vous aurez plus de succès si vous faites un pas vers lui sans réaction particulière. Il est important, en tout cas, d'imposer des limites et de trouver un signal de fin – ce n'est pas au chien de décider. Sinon, des ordres tels qu'« assis ! » et « couché ! » fonctionnent bien en général.

Pas bouger !

La jeune femme voudrait poursuivre son chemin, mais la chienne ne se calme pas et saute toujours autant. Elle obtient en fin de compte ce qu'elle veut, c'est-à-dire une réaction, même si c'est pour l'éviter. Un chien moins têtu arrêtera de sauter si vous continuez votre promenade d'un air détaché.

Nous sortons, youpi !

Votre planning comporte plusieurs promenades par jour, même si vous n'avez pas toujours le temps d'entraîner votre chien et de jouer avec lui. C'est cependant une bonne idée de proposer des exercices intéressants pour que les rondes quotidiennes soient un plaisir partagé. Il ne faut pas grand-chose pour transformer chaque virée en une aventure passionnante.

LE SAVIEZ-VOUS ?

Plus vous proposez des activités palpitantes et variées à votre chien, plus vous l'impressionnerez. Il sera toujours fou de joie d'être avec vous. L'important, c'est d'équilibrer l'action et les moments où il décide de ce qu'il fait – ne le surmenez pas, sinon il finirait par s'énerver.

Un passage difficile

Partez à l'aventure avec votre chien et franchissez une passerelle, par exemple. Tirez parti de ce qui se présente au bord du chemin. Les missions remplies à deux et les réussites en équipe cimenteront votre relation.

Enchanté de vous voir

S'ébattre en compagnie d'autres chiens est sans doute ce qui fait le plus vibrer nos compagnons. Qu'ils batifolent, se disputent un jouet, se frottent la truffe pour se flairer ou marchent simplement côte à côte, la promenade n'en est que plus riche et devient une distraction formidable.

Est-ce à ma portée ?

Encouragez votre chien, sans le forcer, à vaincre des obstacles, pour qu'il trouve lui-même les solutions. Le petit teckel s'est posé sur un tronc qui flotte dans l'eau peu profonde et veut maintenant retourner sur la rive. S'il y arrive, il recevra des félicitations et en sortira plus sûr de lui. S'il tombe à l'eau, vous pourrez en faire un jeu amusant. Dans les deux cas, c'est une aventure palpitante.

Les fantaisies des chiens

Nos chiens veulent vivre leur vie de chien, c'est-à-dire, selon l'occasion et dans un oubli total des bonnes manières, se rouler dans une flaque, une charogne pestilentielle ou croquer du crottin de cheval qui n'est plus de première fraîcheur. Les chiens de salon eux-mêmes ne résistent pas à ces envies de folâtrer.

Savoir patienter

Profitez aussi des promenades pour rappeler à votre chien des signaux utiles au quotidien, comme rester assis quand une voiture passe. Apprenez-lui à obéir vite et bien et il saura se tenir dans la rue. Il aura ainsi le droit de vous accompagner partout.

Le besoin de se dépenser

Pour un chien, la belle vie ne consiste pas à jouer les bibelots dans une corbeille ou sur le canapé. Il veut montrer de quoi il est capable, travailler avec vous et se rendre utile. Donnez cette occasion à votre toutou et vous ferez son bonheur.

LE SAVIEZ-VOUS ?

Si vous avez l'intention de faire des exercices très physiques avec votre chien, faites-le d'abord examiner par le vétérinaire. Pour vous amuser longtemps ensemble, ne lui faites pas courir de risques. Selon leurs dispositions et leur caractère, les chiens n'aiment pas tous les mêmes sports. Un bon dresseur vous conseillera volontiers.

Rapporte !

Rapporter fait travailler les muscles, mais aussi la tête. Le chien, pour bien faire, doit respecter certaines règles, ce qui le rend plus obéissant, lui apprend à se contrôler et bien sûr lui procure joie et satisfaction. L'intensité du jeu dépend de l'âge et de la forme physique de l'animal.

Allons voir

Flairer est une opération aux possibilités sans nombre, qui convient à tous les chiens, leur demande une concentration totale et fatigue même les plus déchaînés. Laissez votre chien suivre à la trace des matières fécales pour lui faire plaisir ou faites-le travailler selon ses capacités, mais aussi votre temps et vos ambitions.

Regarde mon beau bâton

Les branches et les bâtons comptent parmi les jouets préférés de nos amis à quatre pattes. Tant qu'ils ne font que les porter, ils ne risquent rien. Mais s'ils les rongent, des fragments peuvent leur blesser la gueule et le gosier, voire l'appareil digestif s'ils en avalent. Quand vous jetez un bâton, le chien risque aussi de se l'enfoncer dans la gueule ou le gosier, ce qui peut avoir une issue sanglante.

La baballe

Il existe des chiens qui ne se lassent jamais d'attraper la balle et le feraient volontiers toute la journée. Toutefois, les sprints, les courses en zigzag et les sauts mettent les articulations à rude épreuve, ce qui avec l'âge peut finir en arthrose, une maladie douloureuse.

La course d'obstacles

L'agilité est un excellent sport dont la principale qualité est qu'il se pratique à deux – humain et chien. Mais, comme les autres sports comportant de l'action et des sauts, il sollicite beaucoup les articulations. Et les chiens qui ont tendance à s'exciter vite deviennent tout fous pendant ces courses d'obstacles. Si vous envisagez un sport, vérifiez d'abord qu'il convient à votre chien.

En promenade

Les chiens aiment notre compagnie et veulent aussi sortir avec nous. Lorsqu'ils sont bien dressés, c'est un plaisir pour tous. Les excursions en commun pimentent un quotidien parfois monotone et sont une bonne manière de se défouler pour le chien qui doit assimiler toutes sortes d'impressions.

Je suis prêt

Un chien, qu'il soit sérieux ou plutôt un gai luron, possède une personnalité aux multiples facettes. Celui qui câline tendrement son maître peut très bien, l'instant d'après, se transformer en vigile féroce s'il entend des bruits suspects ou faire son devoir avec le plus grand sérieux, qu'il rapporte un leurre ou participe à une opération de sauvetage.

LE SAVIEZ-VOUS ?

Un chien qui accompagne son humain partout a parfois du mal à rester seul. Vous devez lui apprendre à garder son calme en l'absence de sa personne de référence. À cet effet, laissez-le à la maison de temps à autre, même quand il pourrait vous accompagner.

Je suis de service

Ce teckel se sent chez lui dans ce magasin où officie sa maîtresse et où il a le droit de venir tous les jours. Il est de plus en plus fréquent que des chiens passent la journée avec leur propriétaire sur leur lieu de travail. Des études scientifiques ont même démontré les effets positifs de cette tendance sur tout le personnel. Il est évidemment important que le chien n'ennuie pas ses collègues à deux pattes. Et il lui faut un endroit où il pourra dormir en paix pour que l'excitation ne lui monte pas à la tête.

La rue est trop bruyante

Ce bouledogue qui marche avec sa maîtresse est bien inquiet. Les chiens craintifs sont parfois dépassés par l'agitation des villes. Il convient de les habituer en prenant des précautions. Si le chien ne s'y fait pas, on peut envisager de le laisser à la maison au lieu de l'emmener chaque fois.

Un spectacle passionnant

Le chien regarde les passants avec curiosité, dans la zone piétonne, tandis que sa maîtresse s'offre une glace. De nombreux restaurants acceptent les chiens bien dressés. Pour ne pas trop stresser le vôtre, asseyez-vous à une table située dans un coin tranquille et étendez une couverture par terre sur laquelle il pourra se coucher.

J'existe !

Les chiens sont des animaux éminemment sociaux, qui tiennent par-dessus tout à l'affection de leur partenaire. Et, comme ils nous connaissent par cœur et savent comment s'y prendre pour obtenir une réaction de notre part, ils ont développé tout un stock d'astuces pour se faire remarquer.

LE SAVIEZ-VOUS ?

Ce que vous tolérez de la part de votre chien est une affaire personnelle. Avant son arrivée, vous avez intérêt à décider ce que vous acceptez et ce qui est interdit. Ainsi, plus tard, vous n'aurez pas à lui faire perdre de mauvaises habitudes.

Je m'impatiente !

Les aboiements d'un chien qui réclame ou veut vous faire réagir sont très efficaces. Vous finirez tôt ou tard par jouer avec lui ou remplir sa gamelle. Si vous ignorez ses cris, il continuera de plus belle. Apprenez-lui un signal qui lui indique quand il doit s'arrêter.

Tu ne trouves pas que j'ai l'air misérable ?

Ce teckel regarde son bipède d'un air à fendre le cœur. Les yeux tristes d'un chien éveillent toutes sortes d'émotions chez l'humain, qui réagit presque toujours. Pour le toutou, c'est une stratégie habile pour obtenir l'attention et l'affection de son maître sans se fatiguer.

Encore des caresses !

La chienne donne la patte à sa maîtresse pour qu'elle continue à la caresser. C'est un geste adorable pour réclamer un peu d'attention. Au début, les chiens tendent la patte sans arrière-pensée, mais les réactions obtenues leur donnent des idées. Cela peut finir par lasser, si le chien insiste trop.

Je finirai bien par en avoir un bout

La chienne immobile est assise près de la table, les yeux rivés sur le gâteau. Elle espère sans doute que par miracle il finira dans sa gueule. Plus probablement, elle sait que sa patience sera récompensée par un morceau tombé de la table, par mégarde ou non. Prendre le thé est nettement plus agréable quand le chien est couché à sa place.

Tu m'en donnes ?

La chienne revendique un morceau de gâteau à sa façon. Sauter sur les gens, tout comme aboyer, est assez effronté. Si vous faites comme si de rien n'était, vous n'arriverez à rien : apprenez à votre chien un signal de fin. Même si le quémandeur ne vous dérange pas, ne le laissez pas importuner les autres.

Joue avec moi

Tous les chiens ou presque adorent jouer avec leur maître. S'amuser ensemble est une excellente occupation, qui rehausse votre prestige et renforce les liens. Mais savez-vous comment vous y prendre ?

Faisons les fous

Vous n'avez pas forcément besoin d'un jouet, à condition d'être prêt à vous dépenser. Selon la race, vous avez le choix entre courir ensemble dans l'herbe, vous coucher par terre et le laisser sauter sur vous, ou faire semblant de vous bagarrer. Si le jeu devient trop violent, mettez-y fin sans explication.

Mon jouet, c'est ma vie

Il existe des chiens véritablement accros à leur baballe. Ils vont courir après pendant des heures, puis la déposer à vos pieds pour que le jeu recommence. Mais ce n'est alors plus un jeu : poursuivre la balle peut vraiment créer une dépendance. Il n'y a rien de mal à jouer avec des objets tant que le chien reste raisonnable et s'amuse.

Je t'ai vu !

Jouez à cache-cache avec votre chien et cachez-vous derrière un arbre ou un panneau. À votre signal, il partira à votre recherche. S'il vous trouve, ce sera la fête. Choisissez de préférence un terrain sans danger. D'un coup, vous disparaissez, et il aura hâte de vous trouver. Veillez tout de même à ce qu'il ne panique pas. Faites-lui éventuellement signe en l'appelant.

LE SAVIEZ-VOUS ?

Ce n'est jamais très amusant de jouer quand on perd toujours. Les chiens sont bien de cet avis : laissez le vôtre attraper et emporter le bâton ou prendre le dessus quand vous vous bagarrez. Quand ils jouent ensemble, ils inversent souvent les rôles, le plus gros et plus fort acceptant parfois de perdre. Si vous avez de bons rapports avec votre toutou et que vous le laissez gagner de temps en temps, votre prestige n'en souffrira pas, au contraire.

Donne-moi ça

Les jouets à tirer ont leurs détracteurs mais amusent énormément les chiens. Tant qu'ils respectent les règles, rien ne s'y oppose. Si vous leur dites que c'est fini, ils doivent rendre l'objet. Le jeu doit également cesser si votre compagnon devient insolent ou incontrôlable. Pensez tout de même à le laisser gagner de temps à autre.

Où es-tu ?

Un animal social comme le chien a parfois du mal à supporter les heures de solitude. Il est donc essentiel de lui apprendre dès son plus jeune âge à rester seul, afin d'éviter bien des problèmes, pour vous comme pour lui.

LE SAVIEZ-VOUS ?

Comment l'entraîner à rester seul :

- **Sortez souvent de la pièce en fermant la porte derrière vous.**
- **Faites un petit tour dans la cave ou le jardin.**
- **Augmentez la durée de vos absences et la distance, mais sans vous éloigner très longtemps.**
- **Si vous devez rester longtemps loin de lui, assurez-vous qu'il est fatigué, a bien mangé et est détendu.**

Je rêve d'un petit lapin

Cette chienne dort sagement dans sa corbeille. Elle a appris à rester seule à la maison de temps en temps et le supporte bien. Mais ne vous absentez pas trop longtemps, quatre à cinq heures étant le maximum en règle générale – si vous avez un chien, c'est pour vivre avec lui.

Tu dors déjà ?

Ces deux toutous dorment pendant l'absence de leurs humains. Les chiens supportent plus facilement cette épreuve quand ils la partagent avec un congénère. Mais ils ne sont pas toujours aussi sages. Il leur arrive de mettre le bazar – une idée germe dans le cerveau de l'un et l'autre est aussitôt partant. En équipe, on s'amuse plus !

Coucou, vous m'entendez ?

La famille n'est pas là et le chien aboie devant la porte. Un chien seul donne de la voix pour plusieurs raisons : soit il appelle les siens, est frustré d'être seul, en colère que les autres soient partis sans lui, soit il essaie de contrôler la situation ou fait son travail de gardien, étant seul sur les lieux pour surveiller la maison.

La revanche du teckel

Ce teckel massacre un coussin dont les plumes volent en tous sens. Lorsqu'un chien n'a pas appris à gérer sa frustration quand il est seul, il peut être pris de rage et passer sa colère sur un objet quelconque. Souvent, il n'agit que sous l'emprise de l'ennui et veut juste se distraire.

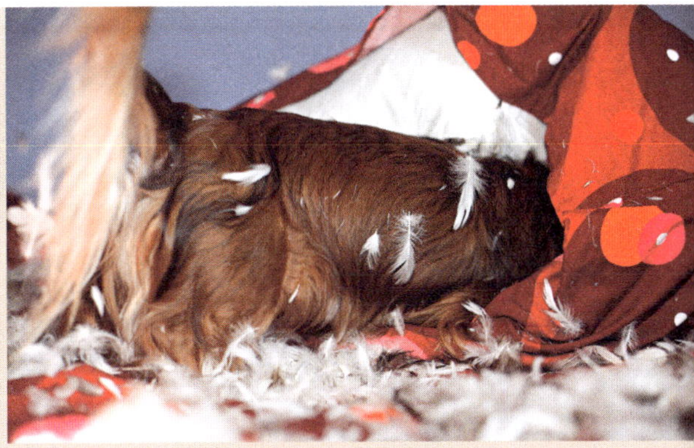

Je me sens trop seul

Ce chien supporte mal d'être seul. La peur de la séparation, différente de la frustration ou de l'ennui, se manifeste par des réactions incontrôlables, comme baver, haleter très fort, déféquer et uriner. Le chien a une véritable crise de panique et il lui faut du temps pour se calmer. Pour le soigner, adressez-vous à un thérapeute qui lui prescrira des médicaments, si nécessaire, afin de pouvoir travailler avec lui.

Mon petit compagnon

Les enfants et les chiens semblent être faits pour s'entendre quand il s'agit de jouer et de s'amuser. Mais il faut que les premiers apprennent les règles de conduite à adopter avec les seconds pour vivre en harmonie avec eux. Ils doivent les laisser tranquilles dans leur corbeille, par exemple, ne pas les énerver, ne rien leur prendre ou rester calmes quand un chien fait le fou ou devient menaçant. Ceux qui les surveillent devraient se rappeler qu'on ne peut pas toujours prévoir les réactions des enfants ni celles des chiens.

Qui va là ?

La petite fille tient en laisse un chien qui s'intéresse aux deux autres promeneurs. Les enfants ne maîtrisent pas toujours leur chien, c'est par exemple le cas quand la rencontre avec des congénères tourne à la confrontation ou s'ils sont moins forts que leur toutou. Tous les participants courent alors un risque qui peut se révéler traumatisant. Seules des personnes capables de gérer des situations imprévues peuvent tenir des chiens en laisse. L'âge à partir duquel un enfant peut sortir seul avec un chien dépend de sa maturité, du chien, de la loi et des contrats d'assurance en vigueur. Selon les préconisations, un enfant peut sortir avec un chien dès l'âge de 14 ans, à 16 ans ou à partir de 18 ans – à vous de vérifier.

Nous avons des secrets

Même si le chien ne comprend pas tous les secrets que sa petite compagne lui murmure dans le creux de sa longue oreille, il aime le câlin et le contact. Les chiens peuvent être les meilleurs amis des petits, à qui profite aussi cette relation pleine de tendresse. On n'oublie jamais les chiens de son enfance.

Et alors ?

Le carlin est couché sagement dans le lit du tout-petit. L'entente entre un chien et un bébé dépend de plusieurs facteurs. Le mieux est de consulter un éducateur canin avant la naissance, pour évaluer la situation et agir si nécessaire. Il ne faut cependant jamais laisser seuls les chiens et les enfants !

LE SAVIEZ-VOUS ?

On lit régulièrement que les enfants doivent être placés plus haut que le chien dans la hiérarchie familiale. C'est une erreur qui peut avoir des conséquences terribles si, par exemple, un enfant essaie de se faire obéir. Les enfants ne sont pas supérieurs aux chiens, ils sont des camarades de jeu et des copains. Tout ce qui tient à l'éducation et aux punitions est du ressort des parents !

Publié pour la première fois en 2016 en Allemagne par Franckh-Kosmos Verlags-GmbH & Co. KG, Stuttgart.

58, rue Jean Bleuzen
92178 Vanves Cedex

Crédits photographiques :
178 Farbfotos wurden von Heike Schmidt-Röger/Kosmos für dieses Buch aufgenommen.

Traduction française : Virginie de Bermond-Gettle
Relecture : Marie Gosset et Valérie Poge
Mise en pages : les PAOistes

Achevé d'imprimer en France par Pollina - 92543.
Dépôt légal : mars 2020
2814254
ISBN : 978-2-501-14777-4